Plantas DE MIEDO,

espeluznantes pero geniales

Julie K. Lundgren
Traducción de
Sophia Barba-Heredia

Un libro de El Semillero de Crabtree

Índice

¿Solo una planta? 4
Alimentarse 8
Defenderse 14
Multiplicarse 18
Glosario 22
Índice analítico 23

¿Solo una planta?

Muchas plantas pueden producir su propia comida a través de la **fotosíntesis**. Usan la energía del Sol para crear raíces, tallos, flores, hojas y semillas para vivir y crecer.

La flor de murciélago florece por encima de sus hojas verdes.

En este libro descubriremos un mundo secreto de plantas con características espeluznantes.

belladona sombra nocturna mortal

Las plantas pueden desarrollar extrañas **adaptaciones** que las ayuden a sobrevivir. Algunas pueden incluso matar.

Los niños pueden morir después de haber comido tan solo unas cuantas moras de esta mortífera belladona sombra nocturna.

Alimentarse

Las plantas **carnívoras** atrapan insectos y pequeños animales para conseguir **nutrientes**. Dentro de las trampas, la presa se descompone en una rica sopa.

urticularia

¿ESPELUZNANTE O GENIAL?

La urticularia atrapa y digiere animales muy pequeños.

Las plantas carnívoras atraen a sus presas con néctar, colores brillantes y aromas.

venus atrapamoscas

La *drosera burmannii* puede atrapar un insecto en pocos segundos.

Los **parásitos** son dañinos porque roban nutrientes de la planta **anfitriona**.

Las plantas parásito pueden no ser capaces de hacer fotosíntesis.

La rafflesia arnoldi, una planta parásita, tiene un olor fuerte y poco placentero, como de carne en descomposición.

Otras plantas aprovechan las redes de **hongos** subterráneos, tomando los nutrientes que los hongos toman de otras plantas.

Las cerosas pipas del indio crecen en la sombra y obtienen alimento de los hongos del suelo.

Defenderse

Las plantas se defienden de los animales hambrientos. Espinas, **toxinas** y cortezas gruesas detienen a muchos herbívoros.

Los animales evitan llenarse la boca de espinas del cactus cerebro.

¿ESPELUZNANTE O GENIAL?

¡Intenta cultivar un cactus cerebro en una maceta de calavera!

Las toxinas pueden hacer que los frutos, las hojas y las raíces sepan amargas, causen enfermedades o sean mortíferas.

¿ESPELUZNANTE O GENIAL?

Ten cuidado de cualquier planta llamada venenosa: significa que es tóxica.

¿Puedes ver por qué a la baya blanca venenosa también se le llama «ojos de muñeca»?

Multiplicarse

Las plantas hacen más plantas de diferentes maneras. Algunas necesitan insectos para **polinizar** sus flores. Los insectos las encuentran por su color y aroma.

Las orquídeas dracula apestan a hongo para atraer insectos polinizadores.

Otras plantas tienen **vainas** explosivas o frutos. Las semillas que aterrizan lejos de las plantas padres podrán obtener más luz y nutrientes.

El pepinillo del diablo rocía semillas y baba venenosa desde su vaina de frutas maduras.

¿ESPELUZNANTE O GENIAL?

Las vainas de boca de dragón parecen calaveras cuando se secan.

¿Son espeluznantes o geniales las plantas de este libro? Lo que sea que decidas, sus extrañas adaptaciones las ayudan a sobrevivir.

GLOSARIO

adaptaciones: Formas en las que las cosas vivientes cambian con el tiempo para ayudarse a sobrevivir usando los recursos disponibles.

anfitriona: La fuente de comida y nutrientes de un parásito.

carnívoras: Capaces de atrapar y usar insectos u otros animales como comida.

fotosíntesis: El proceso por el cual las plantas verdes transforman la energía del Sol en comida.

hongos: Seres vivientes que sobreviven como parásitos o sobre materias orgánicas en descomposición.

nutrientes: Cosas necesarias para un crecimiento saludable, como las vitaminas y minerales.

parásitos: Cosas vivientes que toman los nutrientes de otras cosas vivas en una forma dañina.

polinizar: Traer polen de una planta a otra para que se puedan formar las semillas.

toxinas: Veneno dañino que puede enfermar o matar.

vainas: Recubrimiento protector para las semillas de una planta.

ÍNDICE ANALÍTICO

adaptaciones: 7, 21
comida: 4
defienden: 14
flor(es): 4, 5, 18
frutas(os): 16, 20
parásita(o, os): 11
toxinas: 14, 16

La cuscuta cubre y mata a su huésped.

Apoyos de la escuela a los hogares para cuidadores y maestros

Este libro ayuda a los niños en su desarrollo al permitirles practicar la lectura. Abajo están algunas preguntas guía para ayudar al lector a fortalecer sus habilidades de comprensión. En rojo hay algunas opciones de respuesta.

Antes de leer:

- **¿De qué pienso que tratará este libro?** *Pienso que este libro es sobre extrañas y espeluznantes plantas. Pienso que este libro es sobre plantas que comen bichos.*
- **¿Qué quiero aprender sobre este tema?** *Quiero aprender si es verdad que algunas plantas comen bichos. Quiero aprender si es difícil cultivar uno de estos tipos de plantas.*

Durante la lectura:

- **Me pregunto por qué...** *Me pregunto por qué algunas plantas tienen olores desagradables. Me pregunto por qué algunas plantas son venenosas.*
- **¿Qué he aprendido hasta ahora?** *Aprendí que las plantas carnívoras atrapan insectos y animales pequeños para obtener sus nutrientes. Aprendí que las plantas se defienden contra los animales hambrientos con sus espinas, toxinas y cortezas gruesas.*

Después de leer:

- **¿Qué detalles aprendí de este tema?** *Aprendí que hay plantas como la cuscuta que estrangula, cubre y mata a su huésped. Aprendí que algunas plantas tienen vainas explosivas que avientan las semillas lejos de las plantas padres.*
- **Lee el libro de nuevo y busca las palabras del glosario.** *Veo la palabra* ***nutrientes*** *en la página 8 y la palabra* ***parásitos*** *en la página 11. Las demás palabras del vocabulario están en la página 22.*

Library and Archives Canada Cataloguing in Publication
Title: Plantas de miedo / Julie K. Lundgren ; traducción de Sophia Barba-Heredia.
Other titles: Scary plants. Spanish
Names: Lundgren, Julie K., author. | Barba-Heredia, Sophia, translator.
Description: Series statement: Espeluznantes pero geniales | Translation of: Scary plants. | Includes index. | "Un libro de el semillero de Crabtree". | Text in Spanish.
Identifiers: Canadiana (print) 20210257415 |
Canadiana (ebook) 20210257423 |
ISBN 9781039618626 (hardcover) |
ISBN 9781039618749 (softcover) |
ISBN 9781039618862 (HTML) |
ISBN 9781039618985 (EPUB) |
ISBN 9781039619104 (read-along ebook)
Subjects: LCSH: Plants—Juvenile literature.
Classification: LCC QK49 .L8618 2022 | DDC j580—dc23

Library of Congress Cataloging-in-Publication Data
Names: Lundgren, Julie K., author.
Title: Plantas de miedo / Julie K. Lundgren ; traducción de Sophia Barba-Heredia.
Other titles: Plants. Spanish
Description: New York : Crabtree Publishing, 2022. | Series: Espeluznantes pero geniales - un libro el semillero de Crabtree | Includes index.
Identifiers: LCCN 2021031668 (print) |
LCCN 2021031669 (ebook) |
ISBN 9781039618626 (hardcover) |
ISBN 9781039618749 (paperback) |
ISBN 9781039618862 (ebook) |
ISBN 9781039618985 (epub) |
ISBN 9781039619104
Subjects: LCSH: Plants--Juvenile literature.
Classification: LCC QK49 .L86418 2022 (print) | LCC QK49 (ebook) | DDC 580--dc23
LC record available at https://lccn.loc.gov/2021031668
LC ebook record available at https://lccn.loc.gov/2021031669

Crabtree Publishing Company
www.crabtreebooks.com 1–800–387–7650

Published in the United States
Crabtree Publishing
347 Fifth Ave.
Suite 1402-145
New York, NY 10016

Published in Canada
Crabtree Publishing
616 Welland Ave.
St. Catharines, Ontario
L2M 5V6

Written by Julie K. Lundgren
Translation to Spanish: Sophia Barba-Heredia
Spanish-language layout and proofread: Base Tres
Print coordinator: Katherine Berti
Printed in the U.S.A./092021/CG20210616

Print book version produced jointly with Blue Door Education in 2022

Photo Credits: Cover photo © Leela Mei/Shutterstock.com, title page © Jim1123/istockphoto.com, pages 2-3 © PrinceOfLove/Shutterstock.com, ragged photo border graphic © Dmitry Natashin/Shutterstock.com, page 4 © Andreas Ruhz/Shutterstock.com, page 5 © electra/Shutterstock.com, page 6 © Martin Fowler/Shutterstock.com, page 7 © COULANGES/Shutterstock.com, page 8 © Ricardo De Paula Ferreira | Dreamstime.com, page 9 large flytrap © Cathy Keifer | Dreamstime.com, small flytrap © Verastuchelova | Dreamstime.com, page 10 © Nakornthai/Shutterstock.com, page 11 © Near SM | Dreamstime.com, page 12 © CLAYTON ANDERSEN/Shutterstock.com, page 13 © sebastien lemyre/istockphoto.com, pages 14 and 15 © Wichat Matisilp | Dreamstime.com, page 15 cactus © 1860674995/Shutterstock.com, brain © eranicle/istockphoto.com, pages 16 and 17 © Angelacottingham | Dreamstime.com, page 18 and 19 (orchid) © Michel VIARD/istockphoto.com, page 19 bee © khlungcenter/Shutterstock.com, page 20 © skymoon13/istockphoto.com, page 21 © Smyk_/istockphoto.com, page 23 © Emilio100 | Dreamstime.com